BEI GRIN MACHT SICH IHR WISSEN BEZAHLT

- Wir veröffentlichen Ihre Hausarbeit, Bachelor- und Masterarbeit

- Ihr eigenes eBook und Buch - weltweit in allen wichtigen Shops

- Verdienen Sie an jedem Verkauf

Jetzt bei www.GRIN.com hochladen und kostenlos publizieren

Bibliografische Information der Deutschen Nationalbibliothek:

Die Deutsche Bibliothek verzeichnet diese Publikation in der Deutschen National-
bibliografie; detaillierte bibliografische Daten sind im Internet über http://dnb.d-
nb.de/ abrufbar.

Impressum:

Copyright © 2009 GRIN Verlag, Open Publishing GmbH
Druck und Bindung: Books on Demand GmbH, Norderstedt Germany
ISBN: 9783640538423

Dieses Buch bei GRIN:

http://www.grin.com/de/e-book/144884/landwirtschaftliche-strukturen-der-eu

Nils Elfers

Landwirtschaftliche Strukturen der EU

GRIN Verlag

GRIN - Your knowledge has value

Der GRIN Verlag publiziert seit 1998 wissenschaftliche Arbeiten von Studenten, Hochschullehrern und anderen Akademikern als eBook und gedrucktes Buch. Die Verlagswebsite www.grin.com ist die ideale Plattform zur Veröffentlichung von Hausarbeiten, Abschlussarbeiten, wissenschaftlichen Aufsätzen, Dissertationen und Fachbüchern.

Besuchen Sie uns im Internet:

http://www.grin.com/

http://www.facebook.com/grincom

http://www.twitter.com/grin_com

Inhaltsverzeichnis

1 Einführung

Die vorliegende Hausarbeit soll einen Überblick über die Landwirtschaft in der europäischen Union darlegen. Hierbei soll zunächst einmal ein allgemeiner Überblick über die komplette Landwirtschaft innerhalb der EU dargestellt sein. Im weiteren Verlauf soll es dann im Speziellen um die Milchwirtschaft gehen. Das Thema ist recht interessant und zeitaktuell. Weiterhin ist das Thema der Milchwirtschaft in den Medien präsent und oft kontrovers dargestellt und diskutiert.

Zusätzlich wird im ersten Teil, der die allgemeinen Agrarstrukturen in der Europäischen Union erörtern soll, auf ein Land explizit eingegangen werden. Hierbei soll Dänemark mit seiner Schweineproduktion betrachtet und analysiert werden.

2 Landwirtschaftliche Strukturen innerhalb der EU

2.1 Allgemeines

Im Umfang dieser Hausarbeit lassen sich leider nur einige wenige Aspekte der Landwirtschaft innerhalb der EU beleuchten. Dennoch soll ein Überblick erfolgen und einige ausgewählte Länder im Speziellen behandelt werden.

Im Jahr 2003 bestanden in der europäischen Union knapp 10 Mio. landwirtschaftliche Betriebe. [1] In den neuen Beitrittsländern der EU finden sich vornehmlich kleinere Betriebe. 70% der Betriebe fallen alleine auf die fünf Staaten: Polen, Italien, Spanien, Griechenland und Ungarn. [2] Süd- und Osteuropäische Länder machen somit einen Großteil der landwirtschaftlichen Betriebe aus. Die landwirtschaftliche Nutzfläche fällt hingegen vornehmlich auf westliche Länder wie Frankreich und Deutschland.

Die kleinsten Betriebe bestehen lediglich aus einem Hektar bis hin zu knapp 80 Hektern. [3]

Diese Unterschiede ergeben sich aus vielen Faktoren. Historische Entwicklungen und Sozialstrukturen bilden hierbei eine große Rolle. Nicht zuletzt dürfte auch die

---

[1] Klohn, Werner/Windhorst, Hans-Wilhelm: Die Landwirtschaft in der EU, Heft 12:Vechta:Vechtaer Druckerei. 2006, S.35.
[2] vgl. ebd.
[3] vgl. ebd.

Kapitalausstattung zu größeren oder auch kleineren Betrieben führen. Diese Fakten sollen hier aber nicht näher erörtert werden.

Die Bedeutung der Landwirtschaft ist in den einzelnen Mitgliedsstaaten der EU unterschiedlich groß. Liegen die Beschäftigungszahlen innerhalb der Landwirtschaft in Ländern wie Litauen und Polen bei ca. 18%, so liegt sie in Deutschland, Belgien oder Holland unter 3%.[4] Die Bruttowertschöpfung ist beispielsweise in Griechenland am höchsten, in Luxemburg am geringsten.

2.2 Strukturen der Produktion

An der Spitze der Produktion steht die Milch mit einem Marktwert von 38 Mrd. Euro.[5] Die Milcherzeugung ist hierbei hauptsächlich auf die nordwestlichen Küstengebiete konzentriert. Ein weiteres Zentrum bilden die Grünlandgebiete rund um die Alpen. Hierbei ist bemerkenswert, dass Bayern einen sehr hohen Bestand von etwa 2 Mio. Tieren aufweist. Zu den Hauptproduktionsländern der Milch zählt Deutschland, Frankreich, gefolgt von dem Vereinten Königreich.

Das Produkt mit dem zweitgrößten Produktionswert ist das Getreide mit einem Marktwert von 35 Mrd. Euro.[6] Speziell die Weizenproduktion spielt eine wichtige Rolle. Gilt Weizen doch als Grundlage vieler Lebensmittel und liefert somit viele der benötigten Kalorien um eine Bevölkerung zu versorgen. Zu den Ländern mit den größten Anbauflachen zählen Frankreich, Deutschland und Italien. Betrachtet man die Erntemenge, so findet man auch hier Deutschland und Frankreich, aber auch Länder wie das Vereinigte Königreich, um einige zu nennen. Folglich ist also der Ertrag pro Fläche im Vereinten Königreich größer als in Deutschland oder Frankreich. Die Produktion ist effektiver.

Im Allgemeinen ist die Produktion natürlich stark an Faktoren wie Klima oder der Bodenbeschaffenheit abhängig. Hieraus lässt sich dann der so genannte

Selbstversorgungsgrad einzelner Regionen erklären. Somit ist es dann kaum verwunderlich, dass Mittelmeerländer, wie z.B. Spanien fast 150% mehr an Zitrusfrüchten produzieren, als sie tatsächlich konsumieren.[7] Am

---

[4] vgl. ebd.
[5] vgl. Klohn, Werner: S.49,
[6] vgl. ebd.
[7] vgl. Klohn, Werner: S.51.

bemerkenswertesten ist, dass Länder, wie z.B. Dänemark, etwa fünf mal so viel Schweinefleisch produzieren, wie verbraucht wird oder Irland mehr als sieben mal so viel Rindfleisch produziert, wie das Land konsumiert, um einige Beispiele zu nennen. Selbstverständlich fällt bei Nationalstaaten wie Dänemark natürlich auch die geringe Bevölkerungszahl ins Gewicht.

2.3 Räumliche Strukturen

Vereinfacht lässt sich folgendes Ordnungsmuster erkennen und darstellen:
Im Bereich des Mittelmeeres lokalisiert sich hauptsächlich die Produktion von Gemüse, Früchten und Obst. Im nördlichen und zentralen Bereich der Europäischen Union findet sich hauptsächlich die Produktion von Rindfleisch und Milch. Hierbei versteht es sich von selbst, dass beide Sektoren miteinander gekoppelt sind, da bei der Milchproduktion immer Kälber „anfallen". Somit sind diese beiden Sektoren nicht voneinander getrennt.

Bei der Produktion von Schweinefleisch stehen Länder wie Dänemark, Polen, Belgien und Ungarn an der Spitze. Für Deutschland ist das Schweinefleisch das zweitwichtigste Produkt, nach der Milch.

In Holland ist Frischgemüse das zweitwichtigste Produktionsgut. Dies lässt sich auf die Tatsache zurückführen, dass es viele Unterglaskulturen in Holland gibt. Das wichtigste Produktionsgut, gemessen am Produktionswert, ist aber auch hier die Milch.

Folgende Auswahl zeigt das jeweilige Land und sein wichtigstes Produktionsgut:[8]

Deutschland: Milch

Großbritannien: Milch

Polen: Schweinefleisch

Dänemark: Schweinefleisch

Frankreich: Rinder

Spanien: Früchte

---

[8] vgl. Klohn, Werner: S.55.

Auffällig ist hierbei sicherlich Frankreich mit seiner hohen Rinderproduktion. Vermutlicherweise würde man wohl eher von der Annahme ausgehen, Frankreichs wichtigstes Produktionsgut sei das Getreide, auf Grund der guten klimatischen Vorraussetzungen und der guten Bodenbeschaffenheit.

3 Ausgewählte Länder der EU

3.1 Dänemark und seine Schweineproduktion

Ein interessantes Beispiel für landwirtschaftliche Produktion stellt mit Sicherheit das Land Dänemark dar. Das Land nimmt eine weltweite Führungsposition innerhalb des Welthandelns mit Schweinefleisch ein.

Trotz seiner geringen Einwohnerzahl von etwas mehr als fünf Millionen Menschen, stellten dänische Schlachtbetriebe 22,5% der Schweinefleischexporte innerhalb der EU und fast 15% der weltweiten Ausfuhr von Schweinefleisch. [9] Der kleine Staat Dänemark konnte seit 1970 seine Exportquote von Schweinefleisch ständig steigern. Diese Tatsache lässt sich allerdings auch teilweise damit begründen, dass die dänische Krone an Wert verloren hat, was die Exporte natürlich begünstigt. Dennoch verliert auch in Dänemark der Export von Agrarprodukten an Bedeutung. So stellte das Schweinefleisch 1990 noch mehr als 8% der Exportquote. Im Jahre 2004 waren es dann lediglich etwas weniger als 6%.[10]

Die herausstehende Weltmarktstellung konnte Dänemark auf Grund seiner vorhandenen Strukturen innerhalb der Verarbeitungs- und Schlachtindustrie behaupten. Seit den 1960er Jahren entstanden durch Konzentrationsprozesse große Betriebe.

Diesem sektoralen Konzentrationsprozess folgte eine kontinuierliche Vergrößerung der Durschnittsbestände innerhalb eines Betriebes. Im Jahre 2004 stellte ein Drittel der Betriebe eine Zahl von Stallplätzen mit 4.000 Schweinen oder mehr.[11]

Auch die Schlachtzahl erhöhte sich in den Betrieben ständig. Durch Zusammenlegung und Fusionierung blieben bis heute nur noch einige wenige Großbetriebe übrig, die zu geringen Stückzahlkosten produzieren können und sich

---

[9] vgl. Klohn, Werner: S.141.
[10] vgl. ebd.
[11] vgl. Klohn, Werner: S.143.

somit auf dem Weltmarkt behaupten. So verfügt das neue Schlachtzentrum von „Danish Crown" über eine maximale Schlachtkapazität von 4 Mio. Schlachtungen pro Jahr.[12]

Das kleine Land Dänemark erreichte im Jahre 2004 einen Selbstversorgungsgrad von Schweinefleisch von fast 600%.[13] Es ist damit mit weitem Abstand der größte Produzent von Schweinefleisch innerhalb der EU. In Prozentzahlen bedeutet dies, dass ca. 83% des produzierten Schweinefleisches aus Dänemark in andere Länder exportiert werden muss. Hierbei kommt Deutschland als ein wichtiges Exportland in den Blickpunkt, da der Pro-Kopf-Verbrauch sehr hoch ist und Deutschland seinen eigenen Bedarf an Schweinefleisch bei weitem nicht selbst decken kann. Weitere wichtige Exportländer sind Italien und das Vereinigte Königreich, da sie über eine große Bevölkerungszahl verfügen und weiterhin, wie auch Deutschland, traditionell viel Schweinefleisch konsumieren.

Zwischen 1980 und 2004 konnte Dänemark sein Exportvolumen um 1 Mio. t steigern.[14]

Teilstücke des zerlegten Tieres nehmen hierbei den wichtigsten Platz ein. Als bemerkenswertes Beispiel sei hier erwähnt, dass die abgetrennten Schweinepfoten bis nach China exportiert werden, da sie vor Ort eine sehr geschätzte Mahlzeit darstellen. Dieses Beispiel impliziert natürlich weiterhin auch, wie konkurrenzfähig das dänische Schweinefleisch auf dem Weltmarkt ist.

Es müssen natürlich bei einem solch langen Exportweg die Transportkosten mit auf das Produkt gerechnet werden. Trotzdem können die Schweinefleischprodukte aus Dänemark selbst noch in China zu konkurrenzfähigen Preisen angeboten werden.

Dennoch werden nicht nur Teile und fertige Schweinefleischprodukte ausgeführt. Die meisten der lebend ausgeführten Schweine gehen nach Deutschland.

3.1 Die Zukunft der dänischen Schweineproduktion

Die Bedrohung für die dänische Schweineproduktion kommt und wird hauptsächlich aus den folgenden Ländern kommen: Brasilien, Kanada und den USA. Dies ist auf die geringen Produktionskosten zurückzuführen, wobei Brasilien hier die Nase vorn hat. Die Löhne sind hier sehr billig und führen daher nicht zu einer Verteuerung des

---

[12] vgl. ebd.
[13] vgl. ebd.
[14] vgl. Klohn, Werner: S. 166.

Produktes. Weiterhin sind die Kosten für Futter und Stallbauten hier wesentlich geringer. Diese beiden Kostenfaktoren stellen aber natürlich einen wesentlichen Teil der Preisgestaltung des fertigen Produktes dar. Trotzdem ist die Effektivität des Schwellenlandes Brasilien natürlich lange nicht so effektiv wie die Produktion in Dänemark. Gründe hierfür sind sicherlich der hohe Einsatz von Maschinen. Die Produktion wird dadurch effektiver und schneller, was sich natürlich ausgleichend auf die höheren Lohnnebenkosten der dänischen Produktion auswirkt. Dies gilt nicht nur bei der Schlachtung, sondern natürlich auch bei der Aufzucht der Schweine, sprich von der eigentlichen Produktion.

Ein adäquater Weg, um sich weiterhin auf dem Weltmarkt behaupten zu können, besteht für das Land Dänemark darin, seine Bestandsdichte weiter zu erhöhen. Des weiteren können die biologischen Daten der Zucht mit Sicherheit noch weiter verbessert werden, was auch hier zu einer höheren Produktion führt. Es muss dann natürlich einiges an Geldern in die Forschung und Entwicklung investiert werden, was angesichts der wachsenden Konkurrenz auf dem Weltmarkt aber auch nötig ist, um die geschaffenen Strukturen und Marktpositionen zu erhalten.

Bis zum Jahre 2013 soll es beispielsweise möglich sein, die tägliche Gewichtszunahme um 7% zu steigern.[15] Gleichzeitig soll der Futteraufwand, der nötig ist um ein Kg Schweinefleisch zu erzeugen, um 9% gesenkt werden.[16] Diese doch beachtlichen Zahlen spiegeln wieder, dass die Produktionssteigerung noch lange nicht an ein Ende gestoßen ist und sich durch Forschung noch erhebliche Zuwachsraten der Produktion erzielen lassen. Problematisch wird nun, dass es aber voraussichtlich nicht möglich sein wird, die Produktionskosten zu senken. Die Lohnzuwächse und Auflagen des Tier- und Umweltschutzes halten die Produktionskosten auf etwa gleichem Niveau.

Durch eine Verdoppelung der durchschnittlichen Bestandsgrößen könnten insbesondere die Kosten für Löhne und Gebäude gesenkt werden. Die Baukosten pro eingestellten Tier könnten massiv gesenkt werden. Weiterhin würden die eingesetzten Arbeitskräfte besser ausgelastet, was letztendlich die Lohnkosten senken würde. Folglich kann man davon ausgehen, dass es im kommenden Jahrzehnt dazu kommen wird, dass Bestandsgrößen und der sektorale

---

[15] vgl. Klohn, Werner: S.168.
[16] vgl. ebd.

Konzentrationsprozess der Betriebe und betrieblichen Strukturen erhöht werden. Hieraus entsteht dann in der Folge wieder eine bessere Effektivität.

Ergänzend anmerken lässt sich, dass natürlich auch die Spezialisierung der einzelnen Betriebe zunehmen wird. Die Anzahl der Gemischtbetriebe wird weiterhin abnehmen. Die Spezialisierung wird weiter vorangetrieben werden. Dies muss schon auf Grund der Tatsache passieren, dass der Weltmarkt immer härter umkämpft werden wird. Auch die Mastbetriebe mit vorgeschalteter Ferkelaufzucht werden zwischen 2003 bis 2013 um 61% abnehmen.[17] Ohne diese Spezialisierungsmaßnahmen und die massive Erhöhung der Bestandsgrößen wird es den dänischen Schweinefleischproduzenten nicht möglich sein, sich auf dem Weltmarkt zu behaupten. Die Konkurrenz ist, wie bereits beschrieben, sehr groß und wird sich natürlich auch stetig weiterentwickeln. Fraglich ist daher, ob Dänemark seine Führungsposition auf dem Weltmarkt weiterhin halten kann. Die Regierung setzt alles daran, die Schweinefleischproduzenten zu unterstützen.

---

[17] vgl. Klohn, Werner: S.146.

4 Die Milchwirtschaft in der EU

4.1 Strukturen der Milchwirtschaft

Die Strukturen in der Milchwirtschaft stellen sich dar wie folgt abgebildet:

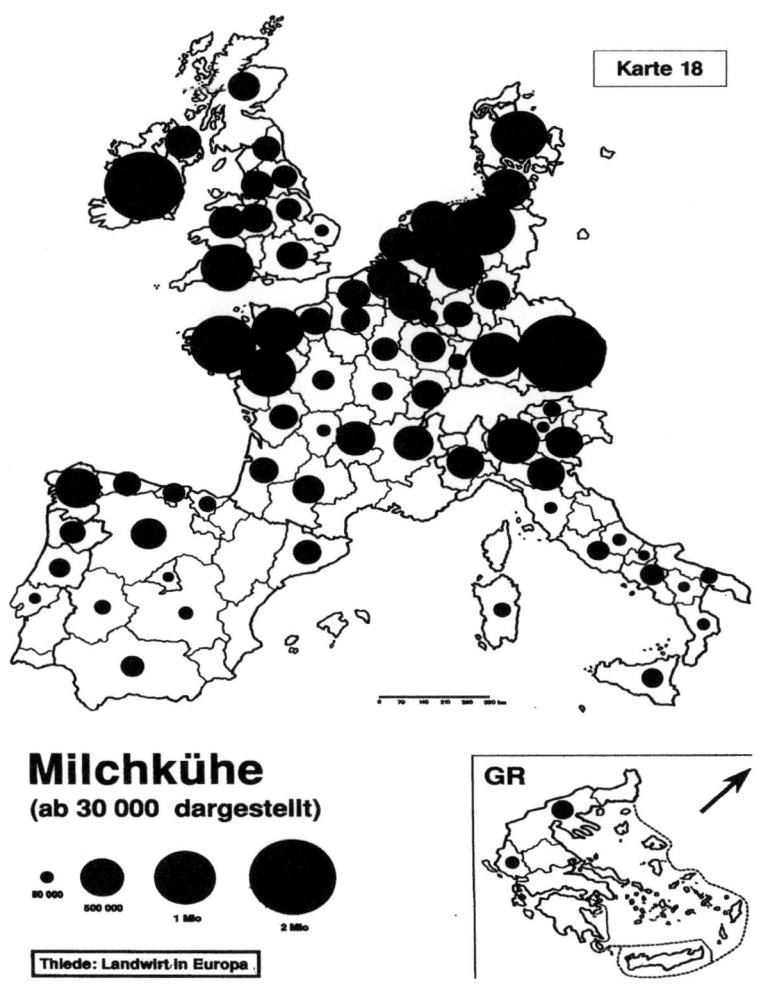

Abb. aus: Thiede, Günther: Landwirt in Europa

Die Abbildung zeigt die größten Milchproduzenten der EU. Hierzu zählen: Deutschland, Holland und das Vereinigte Königreich. Diese drei Staaten sind die größten Produzenten von Milch und gleichzeitig ist ihr wichtigstes Agrargut ebenfalls die Milch. Interessant auch, dass man an dieser Karte erkennt, welche Regionen innerhalb der einzelnen Länder stark an der Milchproduktion beteiligt sind. Wie bereits oben erwähnt, fällt auf, dass z.B. das Bundesland Bayern einen hohen Bestand an Milchkühen aufweist, was natürlich an den Bedingungen wie Klima und Bodenbeschaffenheit liegt.

Zehn Prozent des Weltmilchkuhbestandes fallen auf die EU.[18] Die Weltmilchproduktionsrate jedoch liegt bei 27%.[19] Dies zeigt, dass die gehaltenen Milchkühe eine extrem hohe Produktivität aufweisen.

Die Milch ist mit Abstand das wichtigste Agrarerzeugnis innerhalb der EU.

Die Milchleistung pro Kuh ist innerhalb der Länder der EU extrem unterschiedlich. So erreichen die meisten Beitrittsländer bei weitem nicht die Milchleistung, die die EU-15 Länder vorweisen können. Ungarn und Tschechien bilden hier die Ausnahme. Ihre Produktion ist annähern auf dem Stand der EU-15 Staaten. Wie auch bereits zuvor beschrieben, wirken sich große Herden und Stallbestände positiv auf die Kostenbelastung aus. Es macht keinen Unterschied, ob man die Schweinefleischproduktion betrachtet oder die Milchproduktion. In beiden Agrarzweigen können die Produktionskosten durch größere Ställe und Herden gesenkt werden.

Generell ist die Milcherzeugung innerhalb der letzten Jahrzehnte ständig gestiegen. Experten rechnen damit, dass es auch in Zukunft noch enorme Steigerungen innerhalb der Produktion geben wird. Dennoch drosseln die vorgeschriebenen Quotenregelungen die Produktion des Agrargutes Milch. Hierzu aber gleich mehr.

Wie bei den Schlachtbetrieben in der Schweinefleischproduktion, zeigt sich auch bei den Molkereien eine ähnliche Entwicklung. Es entstehen immer mehr große Betriebe auf Grund des stark einsetzenden Preisdrucks auf die produzierten Waren. Auch in dieser Branche führten Fusionen und Übernahmen zu immer größeren Betrieben und somit auch zu anderen Absatzstrukturen. Die Zahl der kleinen Molkereien wird spürbar zurückgehen.

---

[18] vgl. Klohn, Werner: S.58.
[19] vgl. ebd.

4.2 Quotenregelung der Milchwirtschaft

Die gemeinsame Marktverordnung für Milch und Milcherzeugnisse aus dem Jahre 1968 und die Milch-Garantienmengen-Verordnung von 1984 regeln den Milchmarkt innerhalb der Europäischen Union. Die europäische Milchmarktordnung aus dem Jahre 1968 beinhaltete eine überproportionale Garantiepreisanhebung und eine unbegrenzte Mengenabnahmegarantie. Im Vergleich zu anderen Agrarprodukten wurde es nun natürlich für die Produzenten immer interessanter sich auf das Produkt Milch zu konzentrieren. Rückblickend verwunderlich, dass man glaubte, dieses System ginge lange gut ohne zu kollabieren. Aus marktwirtschaftlicher Sicht stellt dieses System logischerweise eine absolute Katastrophe dar. Der freie Markt wird ausgehebelt und die vorhandene Produktion komplett abgenommen, obwohl keine Nachfrage besteht. Es verwundert nicht, dass sich die Menge der produzierten Milcherzeugnisse ständig erhöhte. Die Nachfrage blieb aber auf einem relativ konstanten Niveau.

Im Jahre 1977 wurde den Erzeugern von Milchprodukten dann eine so genannte „Mitverantwortungsabgabe" abverlangt. Diese zeigte jedoch keinen durchschlagenden Erfolg, da die Menge der produzierten Milchprodukte wegen der Produktivitätssteigerung ständig anstieg.

Zu Beginn der 1980er Jahre wurde die Situation dann so dramatisch, dass die Lagerbestände von Magermilchpulver und Butter sich auf jeweils 1 Mio. t beliefen. Weiterhin dramatisch: Die Ausgaben zur Stützung des Milchmarktes betrugen 30% aller Marktordnungsausgaben der EG.[20] Mit Hilfe der Garantiemengenregelung von 1984 sollte die Erzeugung der Nachfrage angepasst werden. Wird die nationale Referenzmenge der Produktion überschritten, so wird auf die überproduzierten Mengen eine Abgabe erhoben.

Die Mitgliedsstaaten hatten hierbei die Möglichkeit zwischen folgenden Optionen zu wählen:

1. Verteilung der nationalen Großhandelsquote an einzelne Erzeuger
2. Verteilung der nationalen Großhandelsquote an einzelne Molkerein

---

[20] vgl. Klohn, Werner: S.59.

Dem ersten Modell wandten sich Deutschland, Belgien, Holland und Nordirland zu. Holland ging dann nach fünf Jahren auf das zweite Modell über. Alle übrigen Mitgliedsstaaten entschieden sich von Beginn an für das zweite Modell.

Trotz alledem reichten die Quoten zur Wiederherstellung eines funktionierenden Marktes nicht aus und mussten immer weiter gekürzt werden. Im Jahr 2014 soll die Milchquotenregelung auslaufen. Wie es dann weiter geht ist noch nicht geklärt.

Problematisch ist weiterhin, dass die Exportüberschüsse, mit Hilfe von Subventionen, in das Ausland exportiert werden. Ein Großteil der Milchprodukte wird beispielsweise in Form von Milchpulver nach Afrika exportiert. Die einheimischen Produzenten sind gegen die Preis-Dumping Konkurrenz aus dem Ausland machtlos und müssen zu meist ihre Produktion aufgeben, da sie nicht konkurrenzfähig produzieren können. Die subventionierten Milchprodukte sind so billig, dass sie die ausländischen Märkte damit überschwemmen. Viele Entwicklungshelfer und Entwicklungsexperten kritisieren daher diese Subventionspolitik der EU.

4.3 Die Zukunft der Milchproduktion innerhalb der EU

In Zukunft wird es zur Schließung der letzten kleineren Betriebe kommen. Dies wird speziell die osteuropäischen Länder der EU treffen, da es in ihnen nach wie vor viele kleine Betriebe gibt. Diese Tatsache werden wir in einigen Jahren so nicht mehr vorfinden, da auch diese Länder sich mit ihren Preisen behaupten müssen. Ohne die Zusammenlegung von Betrieben und Betriebsstrukturen wird dies nicht möglich sein. Es werden auch hier noch größere Betriebe entstehen, egal ob man nach Westen oder in den Osten schaut.

Obwohl die Milchquote über Jahre ständig gesunken ist, produziert die EU nach wie vor einen großen Milchüberschuss. Dieser wird auf dem Weltmarkt abgesetzt. Da der Preis der in der EU produzierten Milch aber weit über dem Weltmarktpreis liegt, wird der Absatz der Milch massiv mit Subventionen gestützt, um die entstehenden Verluste auszugleichen. Dies führt dann soweit, dass durch die starke Subventionierung das Preisniveau des Weltmarktes noch unterschritten wird.

Dass diese Maßnahme gegenüber den Ländern des Weltmarktes unsozial ist und das komplette Preisbildungssystem des Weltmarktes aushebelt, dürfte jedem klar sein. Produzenten, die nicht subventioniert werden, haben somit kaum eine Chance auf dem Weltmarkt zu bestehen. Diese massiven Subventionen drücken auf den Preis, der sich auf dem Weltmarkt bildet. Die subventionierten EU-Länder haben einen klaren Wettbewerbsvorteil und nehmen automatisch eine Monopolstellung ein. Die trifft, wie bereits oben erwähnt, natürlich besonders die Entwicklungsländer wie etwa Afrika, da diese auch alleine rein technisch schon nicht mit der Konkurrenz aus dem Ausland mithalten können. Im übrigen tritt dieses Problem nicht nur in der Absatzkette des Agrarproduktes Milch auf, sondern betrifft auch andere Güter wie z.B. Geflügelfleisch. Holland, ein großer Produzent von Geflügelfleisch, drückt große Bestände seiner Produktion auf den afrikanischen Markt, gefördert von EU-Mitteln. Dies sei aber nur am Rande als ein Beispiel erwähnt und soll an dieser Stelle nicht weiter ausgeführt werden.

Die EU ist daher im Rahmen der WTO-Verhandlungen dazu verpflichtet worden, die subventionierten Exporte drastisch zu verringern und bis 2013 einzustellen. Ab dem Jahre 2013 wird es dann für die EU nicht mehr möglich sein, ihre Produkte zu subventionieren.

Insgesamt zeichnet sich ab, dass der Welthandel mit Milchprodukten aus der EU abgenommen hat. Mit der beschlossenen Agenda 2000 wurde der Milchrichtpreis abgesenkt. Außerdem wurde der Interventionspreis für Magermilchpulver und Butter festgelegt. Für viele Betriebe bedeutet dies sinkende Einnahmen aus der Milchwirtschaft, was nicht zuletzt zu starken Protesten in der Vergangenheit führte. Die Bilder der Bauern mit ihren Traktoren vor dem Bundestag dürften noch in der Erinnerung sein.

In den Beitrittsländern der EU sind die Erzeugerpreise hingegen angestiegen. Dies liegt natürlich daran, dass die Preise zuvor sehr niedrig waren. Selbst nach Anhebungen waren sie immer noch billiger verglichen mit dem restlichen Preisgefüge der EU. Durch die Mehreinnahmen wird in diesen Ländern das Investitionsvolumen in den neuen Mitgliedsstaaten zunehmen. Die Produktion wird moderner, mit mehr Technologie ausgestattet sein und effektiver ablaufen. Dies ist aber nicht weiter verwunderlich, da in den Beitrittsländern ein massiver Investitionsstau vorliegt.

Somit ist logisch betrachtet auch klar, dass sich die Produktion in einem stetigen Maß erhöhen wird.

Der zunehmend liberalisierte Weltmarkt wird für die europäischen Erzeuger zunehmend zu einem Problem werden. Das Preisniveau ist innerhalb der EU sehr hoch und liegt teilweise deutlich über dem Niveau des Weltmarktes. Um weiterhin wirtschaftlich arbeiten zu können, müssen die Betriebe und die Betriebsstrukturen wesentlich größer werden. Interessant hierbei ist, dass in einigen Ländern wie Neuseeland, Australien, Argentinien oder auch Uruguay die Produktionskosten fast nur die Hälfte von denen in Mitteleuropa ausmachen. Die Ursachen hierfür liegen am Klima. Dies lässt in den genannten Staaten, bzw. Ländern eine ganzjährige Weidehaltung zu, was natürlich zu einer höheren Milchproduktion führt.

Alles in allem wird sich durch den Wegfall der Milchquoten und dem sich weiterhin liberalisierenden Weltmarkt die Milchproduktion in Europa stark verändern. Es besteht einfach keine Alternative.

5 Fazit

Das Thema der Agrarwirtschaft in der europäischen Union ist sehr umfangreich. Es ist sicherlich nur möglich, einen kleinen Teil dieses großen Gebildes innerhalb einer Hausarbeit darzustellen. Die Teilbereiche und entsprechenden Unterteilbereiche erstrecken sich über ein weites Feld.

Betrachtet man einzelne Sektoren wie z.B. die Schweine- oder auch Milchproduktion, so wird deutlich, dass es viele Parallelen gibt. Beide Sektoren haben mit ähnlichen Problemen zu kämpfen und für beide Sektoren sehen auch die Lösungen dieser recht ähnlich aus. Betrachtet man andere Sektoren genauer, so wird man auch hier die Parallelen feststellen können. Insgesamt ist jedenfalls klar, dass sich der komplette Agrarsektor der EU in den nächsten Jahren noch massiv verändern wird. Dies wird natürlich auch mit dementsprechenden Produktionssteigerungen einhergehen. Spannend wird sein wie sich die EU auf dem Weltmarkt schlagen wird, nachdem die Subventionen wegfallen. Hieraus können Risiken aber auch große Chancen entstehen.

6 Literaturverzeichnis

Thiede, Günther: Landwirte in Europa, Frankfurt am Main: Fuldaer Verlagsanstalt. 1990.

Klohn, Werner/Windhorst, Hans-Wilhelm: Die Landwirtschaft in der EU, Heft 12:Vechta: Vechtaer Druckerei. 2006.

Deutsche Landwirtschafts-Gesellschaft e.V.: Das neue große Europa: Perspektiven für die Agrarwirtschaft, Band 98, Frankfurt am Main: DLG-Verlags GmbH. 2004.

Internetquellen:

http://ec.europa.eu/agriculture/index_de.htm

http://europa.eu/pol/agr/index_de.htm

BEI GRIN MACHT SICH IHR WISSEN BEZAHLT

- Wir veröffentlichen Ihre Hausarbeit,
  Bachelor- und Masterarbeit

- Ihr eigenes eBook und Buch -
  weltweit in allen wichtigen Shops

- Verdienen Sie an jedem Verkauf

Jetzt bei www.GRIN.com hochladen und kostenlos publizieren